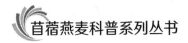

苜蓿燕麦科普系列丛书

燕麦种植篇

MUXU YANMAI KEPU XILIE CONGSHU
YANMAI ZHONGZHI PIAN

全国畜牧总站 编

中国农业出版社
北 京

MUXU YANMAI KEPU XILIE CONGSHU

苜蓿燕麦科普系列丛书

总 主 编：负旭江

副总主编：李新一　陈志宏　孙洪仁　王加亭

YANMAI ZHONGZHI PIAN

燕麦种植篇

主　　编　赵桂琴　柴继宽

副 主 编　刘　欢

编写人员（按姓名笔画排序）

　　　　　王建丽　田双喜　刘　杰　刘　彬　闫　敏

　　　　　严　林　邵麟惠　罗　峻　周向睿　赵之阳

　　　　　柳珍英　郭　杰　程　晨　薛泽冰

美　　编　申忠宝　王建丽　梅　雨

　　20 世纪 80 年代初，我国就提出"立草为业"和"发展草业"，但受"以粮为纲"思想影响和资源技术等方面的制约，饲草产业长期处于缓慢发展阶段。21 世纪初，我国实施西部大开发战略，推动了饲草产业发展。特别是 2008 年"三鹿奶粉"事件后，人们对饲草产业在奶业发展中的重要性有了更加深刻的认识。2015 年中央 1 号文件明确要求大力发展草牧业，农业部出台了《全国种植业结构调整规划（2016—2020 年）》《关于促进草牧业发展的指导意见》《关于北方农牧交错带农业结构调整的指导意见》等文件，实施了粮改饲试点、振兴奶业苜蓿发展行动、南方现代草地畜牧业推进行动等项目，饲草产业和草牧融合加快发展，集约化和规模化水平显著提高，产业链条逐步延伸完善，科技支撑能力持续增强，草食畜产品供给能力不断提升，各类生产经营主体不断涌现，既有从事较大规模饲草生产加工的企业和合作社，也有饲草种植大户和一家一户种养结合的生产者，饲草产业迎来了重要的发展机遇期。

　　苜蓿作为"牧草之王"，既是全球发展饲草产业的重要豆科牧草，也是我国进口量最大的饲草产品；燕麦适应性强、适口性好，已成为我国北方和西部地区草食家畜饲喂的主要禾本科饲草。随着人们对饲草产业重要性认识的不断加深和牛羊等草食畜禽生产的加快发展，我国对饲草的需求量持续增长，草产品的进口量也逐年增加，苜蓿和燕麦在饲草产业中的地位日

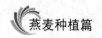

益凸显。

发展苜蓿和燕麦产业是一个系统工程，既包括苜蓿和燕麦种质资源保护利用、新品种培育、种植管理、收获加工、科学饲喂等环节；也包括企业、合作社、种植大户、家庭农牧场等新型生产经营主体的培育壮大。根据不同生产经营主体的需求，开展先进适用科学技术的创新集成和普及应用，对于促进苜蓿和燕麦产业持续较快健康发展具有重要作用。

全国畜牧总站组织有关专家学者和生产一线人员编写了《苜蓿燕麦科普系列丛书》，分别包括种质篇、育种篇、种植篇、植保篇、加工篇、利用篇等，全部采用宣传画辅助文字说明的方式，面向科技推广工作者和产业生产经营者，用系统、生动、形象的方式推广普及苜蓿和燕麦的科学知识及实用技术。

本系列丛书的撰写工作得到了中国农业大学、甘肃农业大学、中国农业科学院草原研究所、北京畜牧兽医研究所、植物保护研究所、黑龙江省农业科学院草业研究所等单位的大力支持。参加编写的同志克服了工作繁忙、经验不足等困难，加班加点查阅和研究文献资料，多次修改完善文稿，付出了大量心血和汗水。在成书之际，谨对各位专家学者、编写人员的辛勤付出及相关单位的大力支持表示诚挚的谢意！

书中疏漏之处，敬请读者批评指正。

目 录

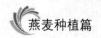

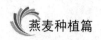

一、燕麦品种选择技术

（一）品种的重要性

1. 为什么品种很重要？

　　品种在农业生产中的地位举足轻重，是生产前需要考虑的首要因素。燕麦品种选择的总体要求是高产、稳产、优质（图1-1）。高产是燕麦种植户和生产企业最关心的品种特点。稳产是要求燕麦品种在推广的不同地区或不同年份间产量变化幅度较小，在多变的环境条件下能够保持较为均衡的产量。稳产性是品种适应性、抗病虫等主要性状的综合体现。优质主要是指营养价值较高，比如蛋白质或其他营养成分含量高。

燕麦品种选择的总体要求是高产、稳产、优质

图1-1　燕麦品种选择的要求

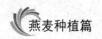
（二）燕麦品种选择依据

2. 什么是高产品种？

产草量可用鲜草产量和干草产量来表示。由于不同生产区域和栽培条件下饲草含水量差异较大，因此大多采用干草产量。衡量一个品种产量高低，主要看株高、密植程度、分蘖能力和叶型等指标（图1-2）。株高对产草量的影响比较大，一般株高较高的品种产草量也高，但株高太高容易倒伏。不同燕麦品种的分蘖能力不同，对产草量影响较大。单株分蘖数受种植密度的影响，密度较低时单株分蘖数增加，密度高会抑制分蘖。种植密度过高还可能造成倒伏，降低产量和品质。叶型包括叶片长短、宽窄和叶片生长的角度等（图1-3）。饲草高产型品种一般叶片数较多（7～9片）、与茎秆的夹角小、叶长较

图1-2　如何实现高产

长（25cm以上）、较宽（1cm以上）。

燕麦籽粒产量形成的要素包括有效分蘖数、小穗数、穗粒数、粒重等。一般高产品种有效分蘖数、小穗数和穗粒数较多，粒重较大。

叶宽>1cm
叶长>25cm

图1-3　叶型

3. 稳产品种有哪些特征?

稳产是指在变化的自然条件以及遇到灾害性气候或遭到病虫危害时，品种保持产量相对稳定的一种特性。它反映了产量在不同地区之间、年际之间的波动性。稳产性是抗寒性、耐瘠薄性、抗倒性、耐盐性、抗病虫性等特性的综合体现。一个优良品种不仅要高产，更要稳产，这在当前气候变化加剧、灾害频发的形势下尤为重要。

4. 什么是优质品种?

优质主要是指燕麦品种在营养物质含量、适口性、消化率等指标方面表现优秀。营养品质包括常规的粗蛋白、粗脂肪、粗纤维、无氮浸出物、钙、磷及其他微量元素的含量，蛋白质

中各类氨基酸含量等。优质燕麦干草的粗蛋白含量可达12%～13%。适口性是指家畜采食饲草的喜好程度。适口性好的品种家畜喜食，适口性差的家畜厌食。粗纤维、糖分及芳香烃等物质的含量，以及颜色和气味等，均会影响干草的适口性（图1-4）。优质燕麦干草颜色深绿、气味芳香，各种家畜均喜食，适口性好。消化率的高低影响家畜对营养物质的吸收。燕麦干草消化率越高，营养价值越大。

图1-4　燕麦饲草适口性

5. 燕麦的抗旱类型有哪些?

我国北方春燕麦区多为一年一熟区，大多平均海拔1 000m以上，气候特点是气温低、日照长、降雨少、无霜期短，年平均气温2～6℃，生育期间日照时数1 000h左右，无霜期90～130d，年降雨量大多300～500mm。抗旱性强弱直接影响燕麦产量。燕麦在出苗、拔节、抽穗、灌浆时最容易受到干旱胁迫的影响。不同品种的抗旱特点也不一样，有苗期避旱的类型，也有抽穗期抗旱的类型。抗旱性与根系特征和株型、叶型有关。根系发达，植株较高，叶面积相对小，穗下位茎节长，分蘖少，以主穗为主，成穗率高，结实性好，是籽用抗旱品种的主要特征。

6. 燕麦的耐瘠薄性如何?

燕麦具有一定的耐瘠薄性,能在土壤贫瘠、养分不足的条件下生长。因此长期以来农牧民一般将燕麦种植在贫瘠的土地上,管理很粗放甚至不管理,有的地方甚至将燕麦叫"两见面"作物,即播种时将燕麦种到地里,成熟时直接去收获,从播种到收获中间再不去地里,不浇水不施肥,到时候能收多少算多少。但是要发展燕麦产业,进行商业化生产、实现高产稳产,还是需要辅以施肥灌水等栽培措施(图1-5)。

贫瘠土壤　　　　　　优质土壤

图1-5　土壤对燕麦生长的影响

7. 抗倒伏的品种有什么特点?

倒伏是影响产量和品质的重要因素。倒伏发生越早,对产量的影响越严重,减产幅度也越大。燕麦发生倒伏是一个综合的复杂现象。外界风、雨等气候因素是燕麦倒伏的直接诱导因素。品种、土壤、肥料、种植密度等也显著影响燕麦的倒伏程度。燕麦植株基部节间短而粗、正常成熟时茎秆衰老程度低的品种抗倒伏能力较强(图1-6)。

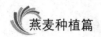

基部节间距短粗抗倒伏　　　　基部节间细弱易倒伏

图 1-6　植株基部节间与抗倒伏性

8. 燕麦的耐盐性如何?

北方燕麦产区大多土壤含盐量较高。盐胁迫对燕麦种子萌发和幼苗生长有明显的抑制作用。盐胁迫对幼苗生长的抑制程度更重,对根系的抑制程度重于地上部分。在盐胁迫下,耐盐品种萌发和生长的能力较强,不耐盐品种发芽率下降明显、幼苗生长较弱(图 1-7)。

正常土壤　　　　　　　　　　盐碱土壤

图 1-7　燕麦耐盐性

9. 燕麦的主要病虫害有哪些?

北方燕麦生产上的主要病害有黑穗病、锈病、红叶病、白粉病和叶斑病等(图 1-8)。黑穗病在我国各个燕麦生产区都有发生，严重时造成 30％左右的种子产量损失。虽然黑穗病的防治技术简单、效果显著，但从经济、无污染、方便的角度考虑，用抗黑穗病的品种仍然是首选。锈病有冠锈病和秆锈病，严重时可造成 15％以上的损失。红叶病主要发生于西北、华北等比较干旱的地区。植株经蚜虫传毒而发病，叶片发红发紫，影响光合作用造成减产。白粉病在冷凉燕麦产区多有发生。燕麦生长期间空气湿度大、种植密度大的地区容易发病。燕麦饲草田由于种植密度比较大，容易发生白粉病。无论是哪种病害，选择抗病品种是最经济有效的手段。

　　燕麦虫害主要有蚜虫和黏虫等。蚜虫多群集在叶片背面和穗部为害，影响燕麦的呼吸作用和光合作用。黏虫在燕麦产区也时常发生，吸食燕麦汁液，严重时可将燕麦叶片或穗部籽粒全部食光，造成大幅度减产甚至绝收。

燕麦主要病害有黑穗病、锈病、红叶病、白粉病和叶斑病等

图 1-8　燕麦的主要病害

10. 什么是生育期?

　　生育期指的是作物从出苗到成熟所经历的天数。根据青海省畜牧兽医科学院王柳英研究员的分类方法，在北方冷凉地区，燕麦生育期 85d 以下的为极早熟型，86～100d 的为早熟

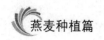

型，101～115d 的为中熟型，116～130d 的是晚熟型，130d 以上的为极晚熟型。燕麦产区自然条件不同，对生育期长短有不同的要求。在干旱半干旱地区，燕麦生产经常遭遇干旱的胁迫，尤以春旱对播种出苗和幼苗生长影响较大，这类地区应选择抗旱性强的早熟、中熟品种。在冷凉地区，应选择抗倒伏性强的中晚熟品种。

（三）不同区域的燕麦品种选择技术

11. 燕麦品种选择的原则是什么？

品种选择目标是针对一定的生态区域和经济条件以及种植制度而制订的，因此包括多方面的内容。在实际工作中，燕麦品种选择应该遵循以下四项原则：一要根据当地的自然和栽培条件，解决主要矛盾，二是品种选择要落实在具体性状上，三要满足当前燕麦生产的需要，四要考虑燕麦品种之间的搭配（图1-9）。

图 1-9　燕麦品种选择的原则

12. 我国燕麦种植区域有哪些?

我国燕麦种植区的生态环境、生产条件差异较大,燕麦生育期间遇到的自然灾害亦不同,对品种的要求也不尽相同。要做好调查分析,了解当地的自然条件、种植制度、生产水平、栽培技术以及品种的变迁历史等,因地制宜地做好燕麦品种选择。我国燕麦种植区域可划分为华北春燕麦区、西北春燕麦区、西南秋燕麦区和东北春燕麦区四个区。不同区域具有各自的特点和与之相适应的品种类型。

13. 华北春燕麦区如何选择燕麦品种?

该区燕麦饲草生产主要集中在河北省坝上地区、内蒙古自治区中部和山西省北部等地。纬度较高、气候较为干旱,年均降雨 300～500mm,多数地区年均温低于 6℃。饲用燕麦主要选择分蘖能力强、抗旱性强、生育期适中的品种(图 1 - 10),比如"坝燕 1 号""坝燕 2 号""白燕 7 号"等。

该区选择分蘖能力强、抗旱性强、生育期适中的燕麦品种

图 1 - 10　华北春燕麦区品种选择

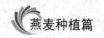

14. 西北春燕麦区如何选择燕麦品种?

该区域是我国饲用燕麦的主要产区，主要包括甘肃和青海两省的牧区和半农半牧区，以及新疆的伊犁地区等。普遍海拔较高，气候冷凉，年均降水量不超过 550mm。宜选择生育期较长、茎秆粗、抗倒伏能力强、株高较高的燕麦品种（图 1-11），比如"陇燕 1 号""陇燕 2 号""陇燕 3 号""青引 2 号""甜燕麦"等，以期获得较高的产草量。

该区选择生育期较长、茎秆粗、抗倒伏能力强的燕麦品种

图 1-11　西北春燕麦区品种选择

15. 西南秋燕麦区如何选择燕麦品种?

该区主要包括四川省西部、云南省西部和西藏等地。气候较为温暖，降水也较多。燕麦一般种植在山地，土壤比较瘠薄。因此品种选择时以抗倒伏、耐瘠薄为重点（图 1-12），比如"白燕 7 号""阿坝燕麦""青引 2 号"等。

图 1-12　西南秋燕麦区品种选择

16. 东北春燕麦区如何选择燕麦品种?

该区饲草燕麦生产主要在内蒙古自治区东部和吉林省西部地区以及黑龙江的部分地区。和其他区域比较,属于新兴产区。土地平整,便于机械化生产。能够实现一年两熟或一粮一草,适宜生育期较短、耐水肥的早熟品种(图 1-13),如白燕系列品种,以利于下茬复种。

图 1-13　东北春燕麦区品种选择

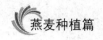

（四）不同类型土壤的燕麦品种选择技术

17. 燕麦种植区的土壤有哪些类型？

我国燕麦种植区地形比较复杂，按其土壤和地形，可分为肥沃阴滩地和水浇地类型区、一般平滩地和较肥沃平坡地类型区、瘠薄旱坡地和干旱平地类型区。不同类型的地区，对品种的要求各有不同。只有与之相适应的品种才能获得更高的生产效益。比如肥沃阴滩地和水浇地，就需要耐水肥的品种；而在瘠薄旱坡地上，那些耐旱耐瘠薄的品种才能发挥最大的潜力。因此要根据品种的类型和特点选择适宜的种植区域，才能充分发挥品种的增产潜力和最大限度地利用各个种植区的自然优势。

18. 肥沃阴滩地和水浇地如何选择燕麦品种？

这类土壤质地好，比较肥沃，有机质含量 2％以上、全氮含量 0.1％以上，有灌溉条件或地下水位较浅。这一地区燕麦生产要注意的主要问题是倒伏，水肥条件好，燕麦生长旺盛，容易产生倒伏。因此在进行燕麦饲草生产时，一般选择耐水肥、株型紧凑、茎秆粗壮、抗倒伏的品种，比如"青海 444""草莜 2 号""定燕 2 号"和坝燕系列品种等。

19. 一般平滩地和肥沃平坡地如何选择燕麦品种？

这类土地土壤比较肥沃，有机质含量 1％～2％、全氮含量 0.08％左右。地势平坦，适宜大面积生产和机械化作业。如有灌溉条件，可大大增加燕麦产量。因土壤肥力较好，故生产中宜选择抗旱性强或耐水肥、抗倒伏的品种，如"坝燕 5

号""坝燕 6 号""陇燕 2 号""甜燕麦""青引 2 号"等。

20. 瘠薄旱坡地和干旱平地如何选择燕麦品种?

这类土地比较瘠薄,有机质含量不足 1%,全氮含量 0.05%左右,加之土壤干旱,燕麦生产中常常因水肥不足造成产量低、品质差,生产效益低下。因此,除了加强施肥、灌水等栽培措施外,在品种选择上要注意选用耐旱性强、耐瘠薄的稳产品种。比如"白燕 7 号""陇燕 1 号""坝燕 1 号"等。

二、燕麦田土壤耕作技术

21. 什么是土壤耕作？

土壤耕作是根据植物对土壤的要求和土壤特性，采用各种措施改善土壤耕层结构和理化性状，协调土壤的水、肥、气、热状态，以利于植物生长。根据耕作措施对土壤作用范围和影响程度的不同，可将土壤耕作分为基本耕作和表土耕作。基本耕作是作用于整个耕层，对土壤影响大、作业强度高。表土耕作是在基本耕作的基础上配合进行的辅助性作业，是土壤耕作中不可缺少的组成部分。

（一）土壤耕作技术

22. 什么是旋耕？

旋耕是采用旋耕机对土壤进行作业的一种方法。旋耕机犁刀在旋转过程中，将土壤切碎、混合，并向后抛掷，作用是松土、碎土，相当于犁、耙、平的三次作业一次完成。旋耕作业具有多种作用，加之耕深较浅，因而旋耕兼有基本耕作和表土耕作的双重功能，既可用来进行基本耕作，又可用来进行表土耕作。旋耕作业碎土能力极强，可使土壤表层保持细碎、松软和平整的状态，对消除田间杂草，破除土壤板结都具有良好效果，这种优势是其他耕作措施所不具备的。

23. 什么是免耕和少耕?

免耕法和少耕法是现代农业生产中一项革新技术。免耕是指播种前不用犁、耙耕地和整地,直接在茬地上播种的一类耕作方法。采用该法时通常于播种前后喷洒化学除草剂来灭除杂草(图2-1)。少耕指在常规耕作基础上减少土壤耕作次数或在全田间隔耕种、减少耕作面积的一类耕作方法。该法是介于常规耕作和免耕之间的中间类型。在季节间、年份间轮耕、间隔带状耕种、减少中耕次数或者免中耕等,均属于少耕范畴。在生产中一般根据当地的土壤特性和环境因素来决定是否进行少耕。

注意:采用该法时,播种前后喷洒化学除草剂来灭除杂草

图2-1 免耕法注意事项

(二) 一般燕麦田土壤耕作技术

24. 如何选地?

燕麦是长日照植物,喜冷凉,适宜在海拔较高、日照时间较长的北方地区种植。成株能够耐受-4~-3℃低温,不耐高温,35℃以上生长受抑。燕麦对土壤要求不严格,土壤酸碱度耐受范围宽,可在土壤酸碱度为 pH5.5~8.0 的土壤上良好生

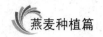

长。燕麦适应性强，在旱薄地、盐碱地、沙壤土中的长势比较好。但燕麦不宜连作，选地时最好以豆类或胡麻、马铃薯等为前茬作物。

25. 什么是深松耕?

深松耕破除了常规耕作形成的犁底层，改善了土壤的物理性状，使原耕作层下的土壤容重变小，土壤孔隙度增大，改善了土壤中水、肥、气、热状况，提高了土壤肥力，且能保蓄土壤水分，还有利于促进根系发育、防倒伏。我国饲用燕麦产区在耕地时间上有秋耕和春耕两种情况。秋耕增产效果较好。争取秋季深耕是获得燕麦丰产的重要条件之一，尤以春季经常干旱的地区为然。秋耕可以蓄水保墒，利于改良土壤和保苗。燕麦是须根系作物，85％以上的根系分布在 0~30cm 的耕作层里，因此一般要求深耕 25~30cm（图 2-2）。深耕要根据土壤性质和土壤结构来确定。一般黏土和壤土要深，沙土地和漏水地要浅。耕地时间愈早，接纳雨水愈多，土壤水分含量愈高。因此生产上安排耕地时间应尽可能提前。我国燕麦产地多为高寒地区，水源较缺，燕麦多在早春种植，改春耕为秋耕，结合

机械深耕25~30cm

图 2-2 土壤深耕

深耕施肥，是获得增产的重要措施。

26. 什么是免耕留茬？

免耕留茬是指秋季收获后不立即进行留茬地的翻耕（图2 -3），而是到了来年春季燕麦播种前一周进行翻耕、耙平。这样就减少了农机具进地次数，减轻农机具对土壤的压实和对土壤结构的破坏程度，同时可以节约能源、降低生产成本。免耕留茬处理能够减少对土壤的扰动及对微生物环境的破坏，减缓土壤有机质的分解速率，从而降低土壤呼吸速率。吉林工业大学李成华等1997年研究发现，免耕留茬由于不翻动土壤，作业次数少，加上残茬覆盖，土壤大孔隙的连续性较好，导水率也较高。内蒙古农业大学崔凤娟等2009年在内蒙古武川县的研究表明，免耕留茬可以显著提高0～5cm和5～10cm土层有机质、全量养分、速效养分含量及土壤水解酶和氧化还原酶的活性。

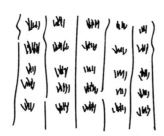

图2-3 免耕留茬

27. 什么是耙糖保墒？

耙地是在耕后或板结土壤上进行的一种表土作业。在北方旱作区，翻耕后必须配合耙糖以利于保墒或预防春季干旱。耕前或耕后耙地，可松土保墒和接纳降水。经过耙糖的土地，切断了土壤毛细管，消除土块，弥合裂缝，可以减少水分的蒸发（图2-4）。甘肃农业大学柴继宽等2009—2012年在甘肃省通渭县的燕麦生产研究表明，黄绵土耙耱多次的地段干土层减少10cm左右，土壤含水量提高4.2%。

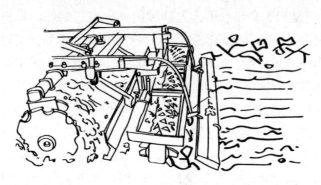

图2-4　机械耙耱

28. 什么是镇压提墒？

　　深耕虽能提高土壤蓄水量，但保水、保墒必须依靠耙、耱和镇压等整地措施。甘肃农业大学张国盛等在甘肃省定西县的试验表明，耕后耱地，0~10cm土层土壤水分含量为7.0%，没有耱的地块为3.4%。早春镇压效果最好。播种前镇压土壤比不镇压土壤含水量提高0.98%~2.62%。镇压后土壤容重增加，干土层减少。经过耙耱镇压，地面平整（图2-5），播种层深浅基本一致，有利于出苗。

图2-5　平整土壤

（三）特殊燕麦田土壤耕作技术

29. 瘠薄旱地土壤如何耕作？

中国燕麦主要生长在干旱冷凉地区。这类地区往往生态环境脆弱。长期以来，进行燕麦饲草生产时形成了以留茬免耕、防风固沙、蓄水保墒为中心的旱地耕作制度。由于种植燕麦的相对收益较低，农牧民一般不把燕麦安排在土壤条件较好的地块种植，也很少给燕麦施肥。在这种情况下，种植燕麦首先要选好茬口，马铃薯、蔬菜和豆类作物是燕麦的好前作。春播燕麦要达到优质高产，整地应在前一年秋季进行。深耕土壤，耕深 25～30cm。耕后及时耙耱保墒。如干旱严重，还应镇压土壤。

30. 水浇地土壤耕作技术有哪些？

水浇地进行燕麦饲草生产时，首先是翻耕 20cm 以上，然后是耙、耱、镇压等保墒作业。作业程序一般是耕后立即耙、耱，或边耕边耙耱。冬季镇压是北方常用的保墒措施。若土壤湿度大，地温低，则不需耙耱，以促进土壤水分的蒸发，提高地温。水浇地土壤耕作要求地面平整，通透性好，以利于播种，早出苗和出齐苗。水浇地如果结合秋季深耕进行灌溉，可提高土壤的持水量。秋耕在时间安排上宜早不宜迟，必须在土壤结冻前完成。

31. 无公害燕麦的土壤耕作技术有哪些？

无公害农产品的生产要求选择生态环境良好、周围无环境污染源、符合无公害农业生产条件的地块。距离高速公路、国

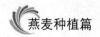

道大于 900m，地方主干道大于 500m，医院、生活污染源大于
2 000m，工矿企业大于 1 000m。燕麦多为旱作，在没有风沙
侵蚀的地块，提倡深翻耕，以增加土壤通透性，促进团粒结构
的形成，依靠耙、耢、镇压等整地保墒措施来碎土、平地、保
墒。在有风沙侵蚀的地块，提倡留茬免耕。

32. 有机燕麦的土壤耕作如何操作?

选择生态环境良好、周围无环境污染源、符合有机农业生
产条件的地块。首选通过有机认证的地块，其次选择经过 3 年
及以上休闲后允许复耕的地块，或经批准的新开荒地块。为了
防止水土流失和生产操作给有机地块造成污染，在有机燕麦生
产田块与常规种植田块之间要设置 80m 以上的缓冲带（图 2-
6）。缓冲带以沟壑、水源无污染的河流、草地和林带等自然隔
离为好，也可设置 80m 的非种植区。整地应做到深耕蓄墒和
耙耢保墒。实行秋耕翻地的地块，要在早春耙、耢 1～2 次，
使土地平整，土壤细碎，无大土块。如果前茬是玉米等根茬较
大的作物，先要采取灭茬措施，深翻耕后耙耢。

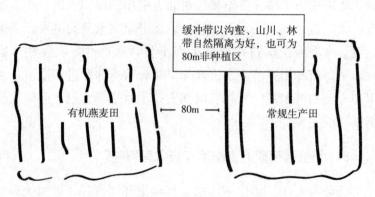

图 2-6 缓冲带的建立

33. 沙地燕麦的土壤耕作技术有哪些?

沙地燕麦一般采用免秋耕、晚播等措施。为了使耕作后的表土层避开大风天气,防止土壤风蚀,可将常规的秋季耕翻改为播前耕翻。采用随耕翻、随耙糖、随播种、随镇压的耕种方法。耕翻、耙糖、播种、镇压为一体的机耕机播法最好。同时,可适期免耕播种并适当补充肥料。种肥的施用以有机肥结合化肥增产效果较好。

34. 盐碱地种植燕麦如何进行土壤耕作?

在北方燕麦产区,土壤盐碱化较为普遍,尤其是西北地区。盐碱地燕麦饲草栽培的关键在于提高出苗率,并通过农艺措施调控为燕麦生长发育创造良好的环境,以取得较高经济效益和生态效益(图 2-7)。

图 2-7 提高盐碱地燕麦出苗率

翻耕是抑制土壤返盐较好的措施。在盐碱地上进行燕麦饲草生产时以秋翻为宜。一般翻耕深度为 25cm 左右。翻耕后耙糖平整,打碎土块,精细整地,以便于播种。盐碱地及时中耕除草对于抑制返盐较为有效,而且可增加地温。灌溉或降雨后

要尽早中耕，以免造成土壤板结，盐分积于地表，影响生长。如播种时土壤干燥，需要进行灌水。如灌水后3～5d土壤变板结，需通过轻耙破除板结，以利出苗。

35. 全膜覆土穴播燕麦如何进行土壤耕作?

燕麦全膜覆土穴播技术集成覆盖抑蒸、膜面集雨、留膜免耕、多茬种植等技术于一体，可大幅度提高降雨利用率和水分利用效率，有效解决旱地燕麦生育期缺水和产量低而不稳的问题。全膜覆盖强化了地膜的增温功能，能够促进燕麦生长发育。膜上覆土还对地膜寿命起到了明显的保护作用。留膜免耕可以连续种植多茬，实现节本增效。选择土层深厚、土质疏松、坡度15°以下的川地、塬地、梯田、沟坝等土壤肥沃的平整土地。在前茬作物收获后及时灭茬、深翻晒土，耙糖保墒。耕深达到25～30cm。覆膜前浅耕以平整地表为主，做到"上虚下实无根茬，地面平整无土块"（图2-8）。对于马铃薯茬口地，最

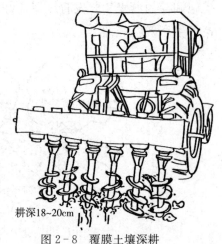

耕深18~20cm

图2-8 覆膜土壤深耕

好是深翻耕后再采用旋耕机旋耕，开春解冻前进行镇压，破碎土块。

全膜覆土穴播燕麦收获一般在7月至8月上旬，燕麦收获后应保护好地膜，休闲期人工或化学除草、用穴播机追施肥

料，适时播种下茬作物。

36. 燕麦膜侧沟播的土壤耕作措施有哪些?

膜侧沟播技术主要用于燕麦种子生产（图 2-9）。选择土层深厚、土质疏松、坡度 15°以下的川地、塬地、梯田、沟坝等土壤肥沃的平整土地。整地措施与燕麦全膜覆土穴播土壤耕作技术中的整地措施一致。春播前平整土地。用机械或人力起垄。垄基部宽 60cm，高 10～20cm，成脊背形，沟宽 50cm。沟内播种。也可秋后整地铺膜，翌年春天播种。前茬作物收获后起垄铺膜，接纳雨雪，保墒增墒。

膜侧沟播技术主要用于燕麦种子生产

图 2-9 膜侧沟播的适用性

37. 燕麦良种繁育田土壤如何耕作?

一般来讲，品种育成地的生态条件就是该品种最适合生态条件。种子生产基地常常建在品种育成地附近。不能在重病区或病虫害常发区以及有检疫性病虫害的地区建立基地。为了获得高产优质的种子，要选择集中连片、地势平坦、土地肥沃、排灌方便、病虫草等危害较轻的土地。不得重茬。前茬以马铃薯、豆科作物为好。一定要单一品种单一地块繁殖。繁种田四

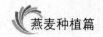
周设置1～2m的隔离带，以防机械和人为混杂。

　　燕麦生产多为旱地，土地耕作的重点是早、深，即在前作收获后进行深耕，充分利用自然降雨较多和气温较高的早秋季节，提高土壤含水量和土地熟化程度（图2-10）。耕翻深度25cm左右。坡梁地及栗钙土地块，耕作深度以15～18cm为宜。滩水地和下湿地，耕作深度以20～25cm为宜。作业程序一般是耕后立即耙、耱，或边耕、边耙、边耱。滩水地和下湿地土壤比较黏重，坷垃较多，要先耙后耱。地下水位高、带有盐碱的黏重地块，耕后不要耙耱，经过一定时间暴晒和风化后，进行冬季碾压、春季耙耱。

　　燕麦良种繁育田土地耕作的重点是早、深，即在前作收获后即进行深耕

图2-10　良种繁育田土壤耕作重点

38. 燕麦与箭筈豌豆混播田土壤如何耕作?

　　燕麦与箭筈豌豆混播主要用于牧区或半农半牧区饲草生产。这些地区大多海拔较高，气候冷凉。土壤温度低，熟化慢，有机质含量不一定贫乏，但速效养分少，杂草为害严重。播种前要选择土地相对平整、杂草较少的地块，进行精耕细耙。新开的荒地最好休闲或用灭生性除草剂处理。休闲地待杂草长起后及时翻耕。如果反复1～2次，可大大减轻来年杂草隐患。

39. 圈窝燕麦的土壤如何耕作?

"圈窝子"是冬天牧民圈养家畜的场所，夏季一般闲置不用，可用来种植燕麦，弥补饲草料的缺乏。圈窝种草具有因地制宜、投入少、见效快、操作简便等优点，近年来在牧区得到了广泛应用。圈窝通风向阳、地面平坦、土层厚，圈内羊粪反复堆积和发酵分解，地表土层有机质含量高，在不施肥料、不加任何管理的情况下种植燕麦就可获得一定的产量。在牲畜迁出时，清理圈内多余的畜粪，只保留1～2cm厚。彻底清除圈窝地面上和0～50cm土层内的碎石等物。然后翻耕，深度为30～35cm。播后耙平，用圆盘耙浅耙覆土，或用钉齿耙覆土，或用环形镇压器镇压覆土。同时加强管理，及时封堵，防止牲畜进入（图2-11）。

圈窝种燕麦，播后用圆盘耙覆土，或用钉耙覆土，或用环形镇压器镇压覆土

图2-11 圈窝燕麦的土壤耕作

三、燕麦播种技术

（一）燕麦播种技术要点

40. 如何进行品种选择?

根据土地自然条件，因地因时制宜选用良种。必须根据当地栽培制度、气候、生产力水平，选择能抗御当地主要自然灾害和与生产水平相适应的品种，注意茬口和季节的衔接（图3-1）。比如，在甘肃冷凉地区以收草为目的时，可选择植株高大、抗倒伏、生育期较长的品种，如"陇燕3号""青引2号""甜燕麦"等品种。以籽实生产为目的时，要选择早熟或生育期适中、抗性强、丰产性好的燕麦品种，如"陇燕1号""白燕7号"等。

图3-1　如何选择燕麦品种

41. 种子清选方式有哪些?

种子清选是根据种子群体的物理特性以及与混杂物之间的差异性,在人工或机械操作过程中将种子与杂物(泥沙、碎片、颖壳、杂草等)分开。种子清选包括筛选和风选两种方式(图 3 - 2)。筛选是根据种子形状、大小、长短等,选择适当筛孔的筛子,用人工或机械过筛分级。风选是以天然或人工风力吹去混杂于种子中的空瘪粒和夹杂物。经过清选的种子,纯度和净度均显著提高,播种时不仅可以节约用种量,还有利于播后苗齐、苗壮。

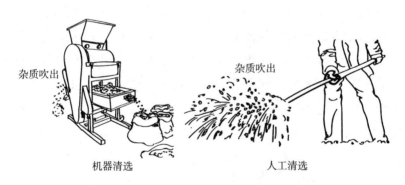

图 3 - 2 种子清选方式

42. 如何进行种子检验?

种子检验是指采用科学的技术和方法,按照一定标准,运用一定仪器设备对种子质量进行分析测定,判断其优劣,评定其种用价值。种子检验主要包括品种品质(栽培品种的真实性和纯度)和播种品质(种子净度、其他植物种子数、种子发芽率、生活力、含水量、种子健康度等)。一般播种前 15d 进行

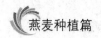

种子检验。燕麦种子的检验方法按国家标准《农作物种子检验规程》进行。质量要达到种子分级标准二级以上，即所选良种纯度大于 96％、净度大于 98％、发芽率大于 85％、含水量小于 13％（图 3-3）。

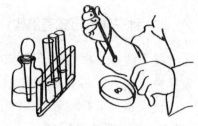

图 3-3　种子检验

43. 种子处理措施有哪些?

种子处理主要包括对种子的去杂晾晒和拌种等。去杂是去除土块、石子及瘪粒、小粒、病粒、破粒，选用新鲜、成熟度一致、饱满的籽粒作为种子。燕麦种子去杂的方法有风选、筛选、机选、粒选等，一般用风选和筛选即可达到去杂标准。种子在贮藏期间生理代谢活动微弱，处于休眠状态。播种前 3～5d 对燕麦种子进行晾晒（图 3-4），可以增强种皮的透性，利于种子均匀吸水，提高发芽率。选无风晴天把燕麦种子摊开，

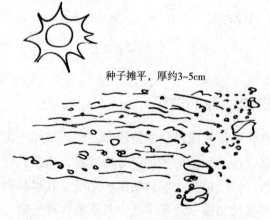

种子摊平，厚约3~5cm

图 3-4　种子晾晒

厚约 3～5cm，在干燥向阳处晒 2～3d。

　　拌种主要是用杀菌剂和杀虫剂等药剂使种子表面附着一层药剂，不仅杀死种子内外的病原物，播种后还可在一定时间内防止种子周围土壤中病原物对幼苗的侵染。播种前用内吸性药剂拌种。用 60％吡虫啉悬浮种衣剂按种子重量 0.3％包衣，或 20％噻虫嗪悬浮种衣剂按种子重量的 2％包衣（图 3－5），可有效防治燕麦红叶病。用 2％戊唑醇按种子重量 0.1％～0.2％拌种，或 50％多菌灵按种子重量 0.2％～0.3％拌种（图 3－6），可防治燕麦黑穗病。

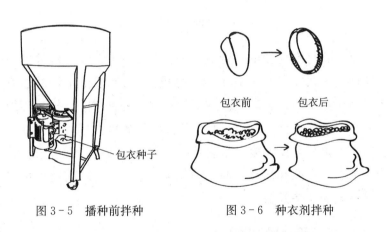

包衣前　　　　包衣后

包衣种子

图 3－5　播种前拌种　　　　图 3－6　种衣剂拌种

44. 如何确定播种期？

　　适期播种有利于壮苗。燕麦一般在 2～4℃时即可发芽，幼苗可耐－4～－3℃低温。但燕麦不耐高温，超过 35℃即受害。春播时，一般在土壤含水量 10％以上，地温在 5℃以上时即可播种（图 3－7）。播种时期对燕麦产量有明显影响。在甘肃省甘南藏族自治州夏河县海拔 2 900m 的桑科草原开展的燕麦播期试验结果表明，早播有利于种子产量的提高，而适当晚

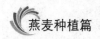

播利于干草生产。

图3-7 燕麦播期的确定

以收获籽粒为目的，青藏高原海拔 2 000m 以下地区的适宜播期为 3 月中旬至 4 月上旬，海拔 2 000m 以上地区的适宜播期为 4 月中下旬。以收获饲草为目的，播种时间可根据当地具体情况灵活掌握。青海、甘南等高海拔地区播期可延至 6 月上旬。如果是夏播燕麦，最晚在 7 月底以前播种。在内蒙古自治区土默川平原和河套平原及类似地区，7 月底以前播种可以获得一定的经济效益。

45. 如何确定播种量？

播种量和燕麦品种类型、环境条件、生产条件、栽培水平、目标产量、经济效益等因素都有关系，一般要综合考虑。植株高大、分蘖力强、生育期长的品种，播种量适当减小，反之则大。气候适宜、土壤肥沃、灌溉条件好，播种量要小。种子质量好、播种技术高的，播种量要小。生产饲草的燕麦播种量大于生产籽实的播种量。

燕麦单播的播种量要根据品种特性、土壤肥力和施肥水平等确定。提倡精量或半精量播种。以生产青干草或青贮为目的时，可适当密植，播量增加 15％～20％。进口品种播种量一般每亩* 8～10kg；国产品种播种一般每亩以 15～17.5kg 为宜（图 3 - 8）。播种量太大会增加倒伏的危险，反而不利于产量和品质的提高。

进口品种播种量为 8~10kg/亩
国产品种播种量为 15~17.5kg/亩

图 3 - 8　燕麦的播种量

46. 播种深度怎么确定？

播种深度一般视播种当时土壤墒情而异，原则上要在干土层之下；播种深度与土壤质地也有关系，轻质土壤可深些，在黏重土壤上播种要浅些。燕麦以浅播为宜，播种过深幼芽不能破土，会被闷死，降低出苗率。燕麦播种深度一般为 3～5cm，土壤含水量在 16％以上时，播种深度为 3cm 左右。土壤含水量在 10％左右时，播种深度应为 5cm。要求不漏播、不断垄、深浅一致。播种后耙、耱（图 3 - 9）、镇压，以利出苗。

---

* 亩为非法定计量单位，1 亩＝1/15 公顷。

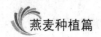

图 3-9 播种后耙糖

47. 如何选择播种方式?

播种方式指种子在土壤中的布局,主要包括条播、撒播、穴播等。一般根据当地的土壤、气候和栽培条件来确定采用何种播种方式。条播是燕麦栽培中普遍应用的一种基本播种方式,尤以机械播种为甚。播种机可选用种肥分层播种机。播种过程中应经常检查,做到不重播、不漏播、深浅一致,覆土严密,地头整齐。

撒播是把种子尽可能均匀地撒在土壤表面并轻耙覆土的一种播种方法。没有行距和株距的设定,因而播种能否均匀是关键。撒播适宜在降水量较充足的地区进行,但播前必须清除杂草,因为它不像条播那样能在苗期进行中耕除草。燕麦播种过程中除小面积或不适宜机械操作的地块可以人工播种外(图 3-10),一般采用机械播种

人工播种

种子

图 3-10 人工撒种

（图 3 - 11）。

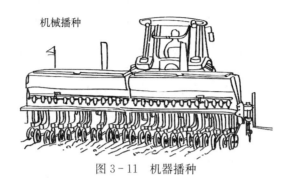

机械播种

图 3 - 11　机器播种

（二）不同类型的燕麦播种技术

48. 瘠薄旱地燕麦播种技术有哪些?

选用有较强耐旱性、抗病、稳产性能好的品种（图 3 - 12），如"白燕 7 号""坝燕 1 号""坝燕 2 号"等。剔除瘪粒、瘦粒、破碎粒、病粒、杂粒和土石块以及其他作物种子，使种子纯度达到 96% 以上，净度达到 97% 以上。播前进行种子发芽试验，统计发芽率。

瘠薄旱地种啥品种燕麦?

白燕7号、坝燕1号等都可以

图 3 - 12　瘠薄旱地品种选择

$$发芽率（\%）=\frac{供试种子发芽粒数}{供试种子粒数}\times100\%$$

选择天气晴朗无风的时候摊晒 3～4d。播种期应因地制宜，根据当地具体情况而定，一般 4 月至 5 月均可播种。以收获饲草为目的时，播种量为每亩 15～17.5kg。如遇干旱或土壤非常瘠薄，出苗不好，播种量可增加 5%～10%。

瘠薄旱地播种深度一般以 4～6cm 为宜。早播的要适当深一些，晚播的适当浅一些。干旱少雨和墒情不好的年份要适当深一些。人工播种或者机播均可（图 3-13）。要求深浅一致，撒籽均匀，覆土镇压严实。

图 3-13　半机械播种

49. 肥沃旱地燕麦如何播种?

选用耐肥、耐旱、不易倒伏的品种如"白燕 2 号""陇燕 3 号""白燕 7 号""科燕 1 号"等。播前进行精细选种，剔除其他作物种子以及秕粒、破碎粒和杂物，使种子纯度达到 96%，净度达到 98% 以上，发芽率达到 90% 以上。选择天气晴朗无风的时候摊晒 3～4d。播种时期 4—5 月均可，饲草生产可适当晚播，种子生产宜适当提前。生产燕麦饲草时，播量为可控制在每亩 15～17.5kg。种子生产播量酌减。人工播种或者机播均可（图 3 - 14）。要求深浅一致，撒籽均匀，覆土严，镇压实。

图 3 - 14　旋耕播种

50. 水浇地燕麦怎样播种?

选择与水肥条件相适应的抗倒伏品种，如"白燕 2 号""陇燕 2 号""陇燕 3 号""白燕 7 号""坝燕 1 号""青引 2 号"等。用籽粒饱满、整齐一致、纯净度高的种子。晒种 3～4d 后即可播种。

根据不同地区具体情况确定适宜播期。内蒙古自治区阴山两侧、河北坝上地区、山西北部、甘肃东南部和宁夏南部等丘陵山区，燕麦饲草生产一般可在 5 月上中旬播种。内蒙

图 3 - 15　人工撒种

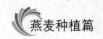
古自治区阴山以南沿山灌区及土默特平原、河北省坝下和山西省北部平川地区，气候温暖、无霜期长、灌溉条件好，播期不宜过晚，4月中下旬播完即可。水浇地播量不宜太大，否则容易倒伏。生产饲草时每亩播量一般为11.5～14kg。大多采用条播，人工播种用撒播（图3-15）。饲草生产时行距一般为15～20cm，种子生产时行距可适当加大。

51. 有机燕麦播种技术有哪些？

有机农业生产所使用的农作物种子原则上应来源于有机农业体系。有机农业初始阶段，在有足够的证据证明当地没有所需的有机农作物种子时，可以使用未经有机农业生产禁用物质处理的传统农业生产的种子。根据生产田土壤肥力、气候特点等条件选用适宜种植的丰产优质品种。

选种要精细，剔除病粒、瘪粒、破碎粒。经过风、筛选后种子纯度应达到96％，净度达到98％以上，发芽率达到90％以上。播前进行晒种3～4d，禁止使用化学物质或有机农业生产中禁用物质处理的种子。播种时期根据当地具体情况而定，一般4—5月播种。进行燕麦饲草生产时，一般每亩播量为12.5～15kg。采用机播，开沟、播种、覆土、耙耱、镇压一次完成（图3-16），利于全苗和壮苗。行距一般15～20cm。

图3-16 耙耱

52. 沙地燕麦如何播种?

选用植株综合性状好、产量稳定、适宜在沙地上种植的品种,如"白燕7号"和"燕科1号"等。为提高出苗率,可用100mg/L的黄腐酸加200mg/L的水杨酸混合液浸种24h,然后晾干播种。沙地较为贫瘠,比较干旱,出苗较差,要适期播种,播种量为每亩15~17.5kg,行距20cm。

53. 盐碱地燕麦怎么播种?

选择耐盐性强、适应性好的丰产品种(图3-17),如"白燕7号""燕科1号""陇燕3号"等。播种时间可根据当地土壤墒情和气候决定。盐碱地燕麦播种量宜大不宜小,饲草生产时播量每亩16.5~19kg。播深5~6cm。过浅受盐胁迫较严重,导致弱苗;过深影响燕麦出土,易造成缺苗。如果地表有覆盖物,播深4~5cm即可。

选择耐盐性强、适应性好的丰产品种,如"白燕7号"等

图3-17 盐碱地品种选择

54. 圈窝燕麦播种技术有哪些?

圈窝种草是在夏秋季节牛羊远离圈舍游牧的4~5个月内,

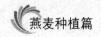

利用空闲圈窝种草。圈窝种草是解决高寒牧区冬春饲草不足、增强保畜能力的一项有效措施。在牲畜迁出时，清理圈内多余的畜粪，保留 1～2cm 厚。彻底清除圈窝地面上和 0～50cm 土层内的碎石、瓦块等物。然后翻耕，深度为 30～35cm。选择适应当地条件的燕麦品种，播种量每亩 15～17.5kg 为宜，播种深度一般 5cm 左右。条播和撒播均可，以条播为好（图 3-18）。条播行距为 20～30cm。播后耙平，用圆盘耙浅耙覆土，或用钉耙覆土，或用环形镇压器镇压覆土。加强管理，及时封堵，防止牲畜进入。

选择适应当地条件的燕麦品种，播种量每亩15~17.5kg

图 3-18　圈窝燕麦播种

四、燕麦田施肥技术

（一）燕麦的需肥特点和施肥原则

55. 燕麦对肥料的需求有什么特点？

燕麦同小麦一样是"胎里富"作物，需肥早，胃口大。但在贫瘠土地中也能生长（图4-1）。在不同生长发育阶段，燕麦对肥料的要求差别很大。燕麦生长发育过程中对氮素的要求呈单峰曲线图（图4-2）。从出苗到分蘖期，因植株较小，生长缓慢，需氮量较少。分蘖到抽穗期，随着茎叶迅速生长，需氮量急剧增加。抽穗后需氮量减少。燕麦对氮素非常敏感，土壤氮素缺乏，会导致燕麦茎叶枯黄，光合作用功能降低，制造和积累营养物质少，植株发育不良，进而影响产量。氮素过多则容易造成茎叶徒长，形成田间郁蔽，茎秆软弱，发生倒伏，造成减产。

图4-1　燕麦对肥料的需求

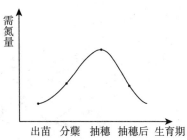

图4-2　燕麦生育期氮肥需求变化

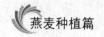

56. 燕麦田的施肥有哪些原则?

燕麦施肥的原则是前期以氮肥为主,后期须控氮,以防造成徒长而引起倒伏。燕麦田不能仅施用有机肥,应与化肥结合施用。有机肥为主,化肥为辅。基肥为主,追肥为辅。分期施肥,才能最大幅度提高燕麦产量。

一般可根据燕麦的生长情况和需肥特点制定科学合理的施肥标准。在拔节期施氮肥,在开花期可获得最大鲜草产量。施肥能显著提高燕麦从拔节期到开花期前后生长速率,使燕麦地上生物量迅速积累。

(二) 燕麦田合理施肥技术要点

57. 如何施基肥?

燕麦是须根系作物,具有较强的吸收能力,在播种前要施足基肥 (图 4-3)。施基肥主要在春耕时进行。高寒山区因前茬收获过晚,来不及秋耕的,在春季播种前进行早春翻耕施肥 (图 4-4)。早春气温低,土壤刚解冻,水分蒸发慢,这时施肥耕地,可减少水分蒸发,有利于保墒。春耕施肥后,播前还需精细整地。

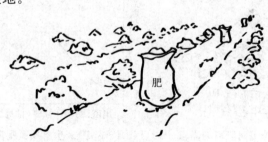

图 4-3 燕麦田播前施基肥

图 4-4　燕麦田深耕时施用基肥

　　施用基肥常见的做法是，结合深耕每亩施 2 000～2 500kg 腐熟的厩肥，犁翻入土。播种时，播种沟内施用 3～5kg 复合肥作种肥。基肥的用量应占施肥总量的 70%～80%，其余用作种肥和追肥。

58. 基肥有哪些种类?

　　基肥也称为底肥，主要以农家有机肥为主。通常为羊粪、牛粪或其他粪肥，也可将绿肥和秸秆堆肥高温发酵腐熟制作有机肥料。除农家肥外，还可适当施加复合化肥（图 4-5）。基

基肥以农家肥、秸秆堆肥为主，适当加以复合化肥为辅

图 4-5　基肥的类型

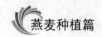

肥一定要选用充分腐熟的农家肥，未充分腐熟的农家肥可能还有病原物、杂草草籽等，会影响后期的田间管理。农家肥撒施要均匀。有机肥的好处是既可满足燕麦对矿物营养的需要，又可补充有机质。

59. 如何确定施用基肥的种类和数量？

按照测土配方施肥原则，根据地力水平和目标产量确定具体的施肥量和肥料种类（图4-6）。不同的土壤质地施肥用量差别很大。中国农业科学院刘俊喜等（2008）研究发现：以壤土为例，用量大约是每亩施用2 000kg有机肥、过磷酸钙40kg、尿素20kg。其中尿素在播种前施60%（12kg），另外的40%（8kg）则可在燕麦拔节孕穗期追肥用。如土壤肥力较差，可酌情增加施肥量，最高达到每亩施用3 000kg有机肥。当施肥量为有机肥2 000kg/亩、尿素5kg/亩、磷酸二铵13kg/亩，燕麦产量达到最高，增产近30%。在土壤氮素营养不太

图4-6 确定基肥种类

缺乏的情况下可以不施氮肥，每亩底施有机肥 1 000kg、30～50kg 过磷酸钙即可满足燕麦正常的营养需求。

不同的收获目的，施肥量也有所不同。青海省畜牧兽医科学院德科加（2007）指出，青藏高原种植燕麦，以收获种子为目的时，施纯氮每亩 4kg，以生产饲草为目的时，施氮量可提高为每亩 5kg。

基肥还可结合微生物菌剂共同施用。郑州牧业工程高等专科学校郭孝等在河南省黄河滩区，发现燕麦对硒肥（亚硒酸钠）有较强的吸收和转化能力，适当基施硒肥有利于提高扬花期青干草和籽实中微量元素含量；基肥中添加硒肥每亩 50～63g，可使燕麦扬花期青干草产量提高约 10%。

60. 燕麦田需要施用绿肥吗？

绿肥也可作为基肥施用（图 4 - 7）。绿肥是一种完全肥料，含有多种养分和大量有机质。我国燕麦产区主要绿肥种类有草木犀、箭筈豌豆、毛苕子等。在我国西南和东北部分产区，可在上茬作物收获后复种绿肥作物。也可以套种翻压，即

图 4 - 7　绿肥可作基肥

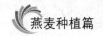

在前茬作物生长后期于其行间套种绿肥作物，然后直接将绿肥作物翻压还田。或者在休耕地种植绿肥作物，然后翻压还田。还可根茬翻压，将杂草及作物根茬翻埋于地下，然后种植绿肥作物，不仅可以减轻次年杂草为害，还可提高肥料和土地利用率。具体采用哪一种方式要根据各地的具体条件而定。

61. 燕麦田需要增施种肥吗？

我国大多数燕麦产区土壤基础养分较低，基肥用量不足，加之气候冷凉，土壤干旱，耕作层浅，结构不良，因此春季土壤微生物活性较弱，土壤养分矿化过程缓慢，速效性养分含量较低。贾银连在山西省左云县开展燕麦高产栽培技术研究指出，在燕麦种植面积较大的丘陵旱地，土壤供氮能力每亩仅1.0kg 左右，供磷能力每亩仅为 0.35kg 左右，苗期缺肥极为普遍。在基肥用量少或不施基肥的情况下，施用种肥更为重要。

种肥用肥量较少，施入后增加了根系周围速效养分的浓度，可以满足幼苗生长需要，促进根系发育，有利于壮苗和早发。燕麦胚乳贮藏的养分较少，施用种肥后一般可以提高籽粒产量 3%～6%。在燕麦苗长到 3 叶后，种子内的养分就消耗完了。此时急需利用土壤速效养分来满足幼苗生长的需要。

62. 如何施用种肥？

在播种燕麦时，将种肥施于燕麦种子附近或与种子混播。由于肥料直接施于种子附近，要严格控制用量和选择肥料品种，以免引起烧种、烂种，造成缺苗断垄。

种肥的施用方法有多种，如拌种、浸种，条施、穴施等方法。拌种是将肥料溶解或稀释，与种子一起搅拌，使肥料溶液均匀地沾在种子表面。浸种是把肥料溶解或稀释成一定浓度的

溶液,把种子放入,浸泡 6~24h(图 4-8)。条施、穴施是指
开沟或挖穴后将肥料施入耕层的沟、穴中,再在施肥带附近播
种,种、肥距离保持在 3cm 以上(图 4-9)。

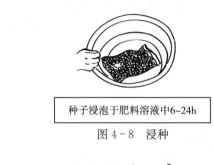

种子浸泡于肥料溶液中6~24h

图 4-8 浸种

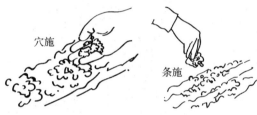

穴施

条施

图 4-9 条施与穴施

63. 如何确定燕麦种肥的种类和施肥量?

因为肥料和种子相距很近,所以作种肥用的化肥就要细心挑
选。常用作种肥的肥料有:腐熟的有机肥、腐殖酸、微生物肥
料、化肥等(图 4-10)。总体而言,速效氮肥每亩用量保持在
2.5~5kg,磷铵或三元素复合肥 1~2.5kg,腐殖酸、氨基酸类
液体肥稀释 600~800 倍,微肥一般稀释浓度为 0.1%~0.05%。

目前我国燕麦区施用的种肥主要是氮磷二元复合肥、尿
素、碳酸氢铵、硫铵和过磷酸钙等。实践证明,化肥做种肥,
无论是旱地或者是水地,都有明显的增产效果。一般情况下以
磷酸二铵做种肥比较好。因为我国燕麦产区的绝大部分土壤缺

磷少氮，单施任何肥料其增产效果都受另一种养分的制约，不能充分发挥其增产作用。在内蒙古武川县，当基施有机肥时，一般每亩燕麦田种肥施用量为纯氮 4kg、磷肥（P_2O_5）1.5kg，氮磷比约为 3∶1。如果条件不具备或其他原因未施基肥，可每亩施用纯氮 4kg、适当增加磷肥（P_2O_5）的用量为 1.5～3kg，再补充钾肥（K_2O）5kg。

常用作种肥的肥料有腐熟的有机肥、腐殖酸、微生物肥料、化肥等

图 4 - 10　用作种肥的肥料种类

64. 施用菌肥有什么好处?

菌肥也称微生物肥料或微生物菌肥，是通过活性微生物的生命活动产生作物所需养分（肥料）的一种新型肥料。目前已从一些重要的作物如水稻、小麦、玉米、燕麦、棉花等根际分离筛选出大量高效优良促生菌株，部分菌株已用于商业化菌肥生产。甘肃农业大学研制的新型燕麦专用微生物菌肥已经获得了国家发明专利（专利号 201010557699.3），在甘肃省通渭县连续 3 年的试验研究表明，在降低 25% 化肥用量的情况下，灌浆期燕麦干草平均亩产 579.6kg，与完全施用化肥产量

持平。

菌肥施用简便，只需在播种前用菌肥对燕麦种子进行拌种即可（图4-11）。拌种时若种子表面太干燥，最好喷洒自来水使种子表面湿润后再拌种。拌种及风干时尽量避免阳光直射，也不要与农药、化肥同时使用，以防降低微生物菌肥的肥效。

菌肥施用简便，只需在播种前用菌肥对燕麦种子进行拌种即可

图4-11　菌肥的施用

65. 燕麦田需要追肥吗？

单靠土壤和种肥供给难以达到高产优质目的，必须追施一定数量的氮肥才能获得高产。对于燕麦种子田，生长后期的追肥措施更为必要。以往旱作燕麦田传统的施肥方法是化肥和种子一起播下。这种施肥方法对磷酸二铵或过磷酸钙比较适宜，但对氮肥如尿素则不合适，容易引起烧籽烧苗，造成缺苗断垄。追施氮肥能延长叶片寿命，提高光合作用功效，促进燕麦小穗分化。

66. 什么时候追肥效果好?

在燕麦生长发育各阶段,以拔节、孕穗、抽穗、开花阶段水肥需求量最大。拔节和孕穗期是燕麦需肥的关键时期(图4-12),尤其是抽穗前后的几天对水肥的反应更敏感(图4-13)。具体的追肥时间和技术可结合当地实际情况而定。

图4-12 燕麦田拔节期追肥

图4-13 追肥时结合浇水

追肥要及时，每亩按一定的标准追施尿素。旱地应在降雨前后结合中耕施入，水地应结合灌水施入。追肥原则为前促后控，结合灌溉或降雨前施用（图 4 - 14）。

要下雨了，应该追肥了！

乌云

图 4 - 14　追肥与降雨相结合

土壤质地为保水保肥性差的沙土时，每亩可追施纯氮 2.5～5kg。在西北干旱半干旱地区种植燕麦强调遇雨追肥。以每亩 3～5kg 磷酸二铵做种肥，到燕麦拔节期结合中耕亩追尿素 5kg，可产生明显的增产效果。山西省农科院提出，在山西可结合中耕进行追肥。若底肥不足，出现缺肥症状时，根据苗情在下雨前撒 5kg 左右尿素追肥。拔节后到抽穗期，每亩用磷酸二氢钾 200g 兑水 1 000 倍后在晴天的下午或阴天进行喷施。必须关注天气预报，看天、看地、看苗情。瞄准燕麦水肥临界期，采用分段施肥方法。原则上准备尿素 10～15kg/亩，待雨追施。无雨或一次降水 5mm 以下不追肥，一次降水 5～10mm 少追，一次降水 10mm 以上全追。

67. 燕麦田需要叶面追肥吗？

叶面追肥又叫根外追肥，可以延长叶片的功能期，对提高燕麦粒重和产量有一定效果（图4-15）。若仅收获饲草，一般不用进行叶面追肥。如果是燕麦种子生产田，可在燕麦抽穗后进行叶面追肥。氮、磷、钾均可以进行叶面追肥。

农民在燕麦抽穗后喷施叶面肥

图4-15　喷施叶面肥

抽穗后发现燕麦植株表现缺磷或缺钾，可用1％～3％的过磷酸钾、过磷酸钙溶液或0.1％～0.3％的磷酸二氢钾溶液喷洒。如伴有缺氮症状，燕麦叶片呈淡黄色时，可再加0.5～1.0kg尿素。每亩用水量为50～70kg，抽穗后的叶面喷肥可以与后期的防治病虫害工作结合进行，以节省用工。

（三）燕麦田施用肥料种类

68. 燕麦田肥料有哪些种类？

燕麦田常用化肥种类主要为氮肥、磷肥和钾肥（图4-16）。通常情况下，氮肥对燕麦生长具有显著的促进作用。但施氮量一定要适中，否则会造成燕麦徒长和倒伏。磷肥可以促进燕麦对氮素的吸收利用，通常所说的以磷促氮就在于此。氮、磷配合，比单独施氮、单独施磷增产效果明显。磷肥的施用效果与土壤中速效磷含量的多少有关。前期施用磷肥可以促进燕麦根系和分蘖的发育，形成壮苗。后期施磷能使籽粒饱满，促进早熟。

张家口市农业科学院赵世锋等在对我国冀北燕麦产区土壤肥力水平研究中指出，我国燕麦产区的土壤缺磷现象比较普遍，而且日趋严重。缺磷的燕麦田可亩施过磷酸钙 $20\sim30kg$ 做基肥。生长发育期间发现缺磷症状，可用 $1\%\sim3\%$ 的过磷酸钙溶液进行叶面喷施。生长发育期间发现缺钾症状，可喷施 0.2% 的磷酸二氢钾，能起到补磷和补钾的双重作用。

燕麦田常用化肥种类主要为氮肥、磷肥和钾肥

图4-16　燕麦田常用化肥种类

69. 微生物肥料施用时要注意什么？

因为微生物肥料是活制剂，其肥效与活菌数量及周围环境密切相关，所以在应用时也要加以注意。微生物肥料要求土壤墒情适宜，土壤太干或太湿都不利于菌肥肥效的发挥。另外，微生物肥料不能与杀菌剂混用。杀菌剂容易杀灭菌肥中的活性

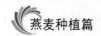

菌，降低菌肥的肥效。与化肥混用时，要注意化肥用量不能过大。高浓度的化学物质对菌肥里的微生物有毒害作用，尤其注意不能与碳酸氢铵等碱性肥料和硝酸钠等生理碱性肥料混用。此外，不同种类的菌肥也不宜混用。市场上的菌肥种类很多，所含的活性菌不同，它们之间是否有相互抑制作用还不是很清楚。若相互抑制，则会降低肥效（图4-17）。

注意：微生物肥料不能与杀菌剂混用；不同种类的菌肥也不宜混用

图4-17　微生物肥料施用注意事项

70. 化肥贮藏时要注意什么？

碳酸氢铵、硝酸铵、石灰氮和过磷酸钙易吸湿、结块、潮解，因此，这些化肥应存放在干燥、阴凉处，防返潮变质（图4-18）。氮素化肥经日晒或遇高湿后，氮的挥发性损失会加快。硝酸铵遇高温会分解，遇易燃物会燃烧，应防火避晒。氮素化肥、过磷酸钙严禁与石灰、草木灰等碱性物质混合堆放，以防氮素化肥挥发性损失和降低磷肥的肥效。过磷酸钙、氨水具有腐蚀性，防止与皮肤、金属器具接触，宜贮存于陶瓷、塑料、木制容器中。此外，化肥不能与种子堆放在一起，也不要用化肥袋装种子，以免影响种子发芽。

化肥应放在干燥、阴凉处，防返潮变质，防火避日晒

图 4-18　化肥存放注意事项

71. 怎么识别真假尿素？

识别真假尿素有 6 个步骤。第一步是"看"，真尿素是一种半透明且大小一致的无色颗粒。混有杂质的假尿素颗粒表面颜色过于发亮或发暗，或呈现明显反光；第二步是"查"，查包装的生产批号和封口。第三步是"称"，正规厂家生产的尿素一般与实际重量相差都在 1% 以内。第四步是"摸"，真尿素颗粒大小一致，不易结块，因而手感较好，而假尿素手摸时有灼烧感和刺手感。第五步是"烧"，真尿素放在火红的木炭上迅速熔化，冒白烟，有氨味。如在木炭上出现剧烈燃烧，发强光，且带有"嗞嗞声"，或熔化不尽，则其中必混有杂质。第六步是"闻"，正规厂家的尿素正常情况下无挥发性气味，只是在受潮或受高温后才能产生氨味，若正常情况下挥发味较强，则尿素中含有杂质（图 4-19）。

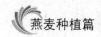

识别真假尿素有6个步骤：
一看、二查、三称、四摸、
五烧、六闻

图 4 - 19　如何识别真假尿素

（四）不同燕麦主产区施肥案例

72. 华北地区燕麦田如何施肥？

华北燕麦产区主要包括内蒙古、河北和山西。内蒙古地区燕麦种植面积占全国总种植面积的 40％ 左右。呼和浩特市和林格尔县多为干旱黄土丘陵区，土壤属于较贫瘠的盐化潮土，除钾外其他养分都缺乏。内蒙古农业大学娜仁图雅于 2011—2012 年连续两年在该县研究氮肥用量对燕麦生物量的调节效应，发现该地区每亩施尿素 8kg 为优化氮肥量，燕麦地上生物量较高。冀西北坝上高原也是燕麦主要种植区，是华北农区向内蒙古牧区过渡的农牧交错带。河北北方学院牛瑞明在该区研究燕麦多目标动态施肥模式，认为每亩施尿素 17.5kg（前期施 8.75kg，后期追肥 8.75kg），产量和经济效益最佳。山西省左云县农业委员会针对山西旱区燕麦栽培特点，认为在底肥不足时，以每亩 4~5kg 硝酸铵作种肥可以增加产量。由于旱区土壤营养缺乏，每亩追加尿素 5kg 可有效保证产量。

73. 西北地区燕麦田怎么施肥？

西北地区以种植饲草燕麦为主，大部分种植在高寒冷凉地区。甘肃省玛曲县草原站刘振恒等在甘肃省甘南藏族自治州玛曲县尼玛乡进行燕麦生产，每亩施用 1 000kg 腐熟羊粪、15kg 尿素和 15kg 过磷酸钙，获得了高达 680kg/亩的燕麦干草产量。青海大学畜牧兽医科学院马祥等于 2012—2014 年采用"3414"施肥方案在青海省湟中县种植青引 1 号，每亩施过磷酸钙（含 P_2O_5 12%）7kg、钾肥（含 K_2O 50%）4kg，追施尿素（含 N 46%）7kg，可显著提高燕麦产量（图 4 - 20），每亩纯收入达 874 元。

图 4 - 20 追施氮肥的作用

74. 西南地区燕麦田如何施肥？

燕麦在西南温暖地区生长速度快、能在短期内提供大量优

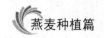

质青饲料。燕麦对酸性土壤（pH 5.0～6.5）反应不如小麦等其他谷类作物敏感，可作为红壤丘陵地区冬闲田种植的牧草种类之一。针对红壤丘陵地区冬闲田的酸、瘦、黏、板等特点，江西省畜牧推广技术站刘水华等 2016 年在南方典型红壤区种植燕麦，在每亩施尿素 10kg、不施用有机肥的条件下，燕麦可刈割 3 次，干草产量最高达 470kg/亩。西藏自治区那曲地区林业局黄勇 2016 年在西藏日喀则土壤肥力中等的砂壤土上种植燕麦，每亩施尿素 10kg、过磷酸钙 20kg、氯化钾 7.5kg，燕麦干草产量最高。

75. 东北地区燕麦田怎么施肥？

东北燕麦种植区包括辽宁、吉林、黑龙江 3 个省以及内蒙古东部，是燕麦的新产区。黑龙江省八五五农场韩加洪等认为，在黑龙江北部高寒地区种植燕麦生产干草，每亩可施尿素 3～4kg、磷酸二铵 3～4kg，硫酸钾 2～4.5kg 作为基肥，加施磷酸二铵 2kg，硫酸钾 4kg 作为种肥。内蒙古兴安盟农业科学研究所高欣梅等 2018 年在内蒙古科尔沁沙地种植燕麦，在 5 月底播种，每亩施纯氮 4.5～5kg，施纯磷 2～2.5kg，获得了高产。在辽宁滨海盐碱地区种植燕麦，以氮肥总量的 40％在分蘖期施入可使燕麦增产，增施抗盐碱剂可使燕麦增产12.5％～17.1％。

五、燕麦田灌溉技术

(一) 燕麦的需水规律和灌溉原则

76. 燕麦的需水规律是什么?

燕麦发芽时需要较多的水分。燕麦种子萌发吸水量达到本身重量的 65% 时方能发芽 (图 5-1),而小麦是 55%,大麦是 50%。在燕麦整个生长发育过程中耗水量也高于春小麦和大麦。

图 5-1 燕麦种子萌发的需水量

在干旱半干旱地区,季节性降雨不能满足植物整个生育期的水分需求。内蒙古农业大学刘景辉、贺伟团队 2013 年在四子王旗利用滴灌进行燕麦生产,发现燕麦完成整个生育期大约

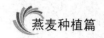

需要消耗掉 485mm 水，整个生育期内不同阶段的耗水强度范围为 2.77～5.07mm/d。不同生长发育阶段燕麦的耗水量不同。苗期耗水量占全生育期的 10% 左右，分蘖至抽穗期耗水量约占全生育期耗水量的 70%，灌浆期至成熟期占 20%（图 5 - 2）。从拔节期开始，需水量迅速增加。拔节至抽穗期是需水的关键期，这一阶段耗水量最大。抽穗前 12～15d 是需水"临界期"，此时干旱会导致大幅度减产。群众所说的燕麦"最怕卡脖旱"的道理就在于此。以收获干草为目的时，苗期和拔节至抽穗期对水分的依赖很大，这两个阶段进行灌溉有利于提高燕麦干草产量。

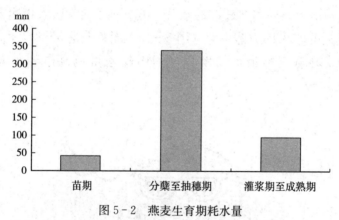

图 5 - 2 燕麦生育期耗水量

77. 燕麦田什么时期灌水好？

拔节至抽穗期是燕麦一生中需水量最大、最迫切的时期。该阶段过度干旱或后期灌水过多均不利于形成较多的生物产量，也不利于氮素转移和积累，从而影响干草和种子产量。一般在二叶一心期灌头水。应做到头水早、二水赶（图 5 - 3）。以后根据土壤墒情和苗情适时灌水，以燕麦不受旱为原则。

一般在二叶一心期灌头水。应做到头水早、二水赶。以后根据土壤墒情和苗情适时灌水

图 5-3　燕麦田适期灌水

78. 燕麦田灌几次水好?

灌水多少和次数需要依具体情况而定。第一次灌水很关键,一般在三叶期至分蘖期进行,需要早灌,尤其是在春旱严重的北方地区;第二次在拔节期灌。如以收获籽粒为目的,可在孕穗期或灌浆期第三次灌水。总之,灌水应掌握"小苗小水,抽穗大水,水肥结合"的原则(图5-4)。为了减少蒸发和蒸腾,一天之中最好在傍晚灌水。

灌水应掌握"小苗小水,抽穗大水,水肥结合"的原则

图 5-4　燕麦田灌水原则

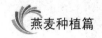
（二）燕麦田合理灌水技术要点

79. 如何浇好分蘖水？

　　分蘖水要早浇。燕麦第一次浇水应在 3～4 叶期进行。这一时期正是燕麦开始分蘖和小穗开始分化的时期，地下部分也进入次生根生长期，此时灌水对燕麦产草量影响较大（图 5-5）。分蘖水不仅需要早浇，而且要小水饱浇（图 5-6），确保浇透，不要大水漫灌。分蘖燕麦根系发育尚不完全，大水猛浇会冲倒燕麦苗或者冲走根系周围的土壤，使得根系裸露，产生大量弱苗或后期死苗。在浇分蘖水时，可结合灌水追施尿素 5～8kg/亩。

图 5-5　燕麦分蘖期

图 5-6　燕麦分蘖期浇水

80. 如何浇好拔节水?

拔节水要晚浇。在燕麦植株的第二节开始伸长时再浇,并要浅浇轻浇。燕麦拔节至抽穗期的 30 多天是燕麦营养生长和生殖生长的旺盛时期,对水分要求迫切。在这期间耗水量占全生育期总耗水量的 28%～33%,是需水的关键时期。但浇水过早,燕麦的第一节就会生长过快,强度不够,容易造成后期倒伏。

拔节期浇水、追肥应以控为主,促控结合(图 5-7)。控水期要深中耕一次,既可灭草,减轻地面蒸发,又可培土壮秆防倒。在拔节期,如果发现燕麦叶片颜色变浅,可结合灌水追施尿素 2～3kg/亩。临近刈割期,浇水一定要控制。

图 5-7 燕麦拔节期浇水

81. 如何浇好孕穗灌浆水?

燕麦种子生产中,在开花期、灌浆期进行浇水能增加籽粒的饱满度和成熟度(图 5-8)。如果以收获燕麦青干草为目的,则不用进行后期灌水。燕麦抽穗、灌浆阶段,植株耗水量大,如果水分供应不足,叶片的光合作用显著下降,就会影响养分向籽粒输送和积累。孕穗期是燕麦大量需水的时期。此时燕麦基部茎秆脆嫩,顶部正在孕穗,如果水浇太多,就会造成倒伏。

在 0～40cm 土壤相对含水量低于 70% 时浇孕穗灌浆水。苗旺、墒情好时,孕穗水可推迟至抽穗前。此次灌水可提高空气湿度,减轻高温炎热的危害程度。但后期浇水要注意天

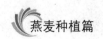

气变化，避免浇后遇到风、雨引起倒伏，并应做好排水防涝工作。

浇孕穗灌浆水

40cm
左右

土壤水分<70%时

图5-8　浇孕穗灌浆水

82. 合理灌水能防止燕麦倒伏吗?

　　燕麦倒伏可分根倒和茎倒两种。根倒一般在燕麦灌浆以后，主要是由于大雨造成地面松软，燕麦由于灌浆头重脚轻，就容易发生倒伏。雨后大风或风雨交加也会造成倒伏。这类倒伏可以通过加强田间管理措施来预防。茎倒一般多发生在茎秆基部之第一、二节间处，原因大多为不合理的水肥管理造成茎节徒长而引起。水肥管理不当造成燕麦第一、二节间延长、茎节徒长，容易引起倒伏（图5-9）。

图5-9　燕麦倒伏

83. 如何做到因地制宜灌水?

燕麦田水肥管理要看苗、看地、看长势,因地制宜制定具体的水肥管理措施(图 5 - 10)。如冬春天旱无雨、土壤墒情不好,就要早点浇。如冬春雨雪较多、土壤墒情较好,就可以晚点浇。当土壤水分不足时,需浇水。反之土壤不缺墒,头一道分蘖水可推迟。一般以耕层地温稳定在 5℃ 左右浇水为宜。还要看土质,沙土地保水力差,应少量多次;黏土地保水力强,可加大单次灌水量、减少浇水次数。看苗情指的是头水早晚要因苗制宜。一般长势的燕麦苗要早浇,可增加分蘖数。旺苗要晚浇,可控制分蘖,防止倒伏。灌水时要注意收听天气预报,当日平均气温大于 3℃ 以上时就可以浇水。

灌水要因地制宜,看苗、看地、看长势、看墒情、看气温等

图 5 - 10 因地制宜灌水

84. 如何进一步提高灌水效益?

按需要适时灌水,才能得到良好的效果。"有收无收在于水,收多收少在于肥"。"水是力,肥是劲,肥借水力,水借肥威","不空心肚喝水"等农谚都说明水肥结合的重要性(图 5 - 11)。灌水应与松土、平地结合。燕麦田灌水时将耕层土壤浇

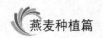

透即可。如果周围无水可浇，那就要加强中耕工作。中耕宜在下雨前进行，可提高土壤的保水性与雨水利用率。

要根据土壤水分条件进行水分管理。如播种时土壤干燥，就需要进行灌水。标准为 0～20cm 表层土壤润透。如灌水后 3～5d 土壤变板结，需轻耙破除板结以利出苗。借墒中耕可减少土壤水分蒸发、避免龟裂。松土还有提高地温的作用。

图 5-11　水肥结合

85. 需要使用保水剂吗？

在干旱缺水的地区，提倡使用保水剂。保水剂可有效改善土壤结构，增加土壤保水保肥性，提高燕麦产量。目前广泛使用的保水剂为人工合成聚合物（图 5-10），包括聚乙烯醇（PVA）、水解聚丙烯腈（HPAN）、聚丙烯酰胺（PAM）等多种高分子聚合物（图 5-12）。不同粒径保水剂（大颗粒直径 3～5mm，小颗粒直径 0.5～1mm）的保水效果不同。一般大粒径的保水效果较好。不同保水材料对燕麦产量也有不同影响。内蒙古农业大学刘慧军等 2011 年在内蒙古武川县研究不同改良剂对土壤紧实度及燕麦生长的影响，发现聚丙烯酸钾（PAA－K）＋腐殖酸钾（HA－K）处理后燕麦的平均水分利用效率最高，二者复配比其他改良剂能更好地降低燕麦全生育期耗水。内蒙古农业大学马斌等 2017 年在内蒙古旱作丘陵地区连续施用 4 年聚丙烯酸钾（PAM－K），燕麦植株鲜重、干重、株高分别增加了 90.53％、146.91％和 101.56％。青海大学马力等 2016 年在青海施用抗旱保水剂聚丙烯酸盐和聚丙烯酰胺共聚体，在保水剂用量 4kg/亩、尿素用量 4kg/亩的情况下，增加了燕麦干草产量和种子田经济效益。

图 5－12　保水剂种类

附　　录

附录1　我国主要饲用燕麦品种简介

编号	品种名称	品种介绍
1	青海444	1953年由青海省畜牧兽医科学院从丹麦引入，1992年通过全国牧草品种审定委员会审定登记。较早熟，株高130～150cm，穗长21～26cm，叶长30～35cm，叶宽2～2.5cm，千粒重30～33g。籽粒黑紫色，有芒。抗倒伏，较抗燕麦红叶病。适宜在青海、甘肃、西藏、四川西北等地栽培
2	青引1号	1985年由青海省畜牧兽医科学院草原研究所从河北引入青海种植，2004年通过全国牧草品种审定委员会审定。较早熟，在海拔2 700m的青海省湟中县生育期100d左右，株高120～170cm，茎粗0.5cm，叶长30～40cm、叶宽1.9cm；穗长19～21cm，籽粒浅黄色、千粒重30～36g。茎叶柔软，适口性好，耐寒、抗倒伏。在青藏高原及其周边海拔3 000m以下地区粮草兼用，3 000m以上地区作饲草种植
3	青引2号	1960年由中国农业科学院从加拿大引进，1985年青海省畜牧兽医科学院草原研究所引入青海种植，2004年通过全国牧草品种审定委员会审定。粮草兼用型品种，株高140～160cm，茎粗约0.4～0.6cm，叶长25～38cm、叶宽1.3～1.7cm；穗型周散，种子浅黄色、披针形，种子长1.3cm，宽0.35cm，千粒重30～35g。抗倒伏，在青海省西宁地区生育期100d左右。在海拔3 000m以下地区粮草兼用，3 000m以上地区作饲草种植
4	甜燕麦	1960年由中国农业科学院从苏联引进，1985年青海省畜牧兽医科学院草原研究所引入青海种植。晚熟草籽兼用品种，生育期120～135d，株高140～160cm，茎粗0.5～0.7cm，穗长25cm，叶长30cm，叶宽2～3cm。籽粒浅黄色，粒大饱满，千粒重35～37g。生长整齐，茎叶有甜味，适口性好。适宜在青海、甘肃、西藏、四川西北等地栽培

（续）

编号	品种名称	品种介绍
5	陇燕1号	由甘肃农业大学选育而成。2013年通过甘肃省农作物品种审定委员会认定。株型紧凑，茎秆粗壮，株高120～140cm，在甘肃省二阴地区生育期100～110d。穗长15～22cm，千粒重34～38g，籽粒黄白，粒大饱满。籽粒含粗蛋白13.36%，粗脂肪4.65%。对燕麦红叶病表现为中抗。适宜在甘肃、青海、西藏等冷凉或二阴地区种植
6	陇燕2号	甘肃农业大学选育而成。2010年通过甘肃省农作物品种审定委员会认定。生育期100～120d，株高123～146cm；籽粒黄白色，穗长17～21cm。千粒重30～32g，籽粒含粗蛋白10.4%，粗脂肪6.7%。对燕麦红叶病有较强的抗性。适宜在甘肃、青海、西藏、川西北等冷凉或二阴地区种植
7	陇燕3号	甘肃农业大学选育而成，2010年通过全国草品种审定委员会审定。春性、晚熟品种，生育期120～130d；株高135～160cm，籽粒黑紫色，长卵圆形，穗长14～20cm。千粒重30～34g，种子成熟后不落粒，籽粒含粗蛋白10.5%，粗脂肪7.1%。高抗燕麦红叶病，对黑穗病免疫。该品种是一个草籽兼用品种，适宜在甘肃、青海、西藏、川西北等高寒或二阴地区种植，海拔2 500m以下地区粮草兼用，2 500m以上地区作饲草种植
8	林纳	2003由青海省畜牧兽医科学院草原研究所从挪威引入，2011年通过青海省农作物品种审定委员会审定。属中晚熟品种，生育期97～130d，株高110～155cm，千粒重24～35g。茎粗0.39～0.45cm，叶长29.6～30.1cm，叶宽1.3～1.6cm，穗长19～22cm。籽粒含粗蛋白11.03%，粗脂肪3.96%，适宜高寒或二阴地区种植，海拔2 500m以下地区粮草兼用，2 500m以上地区作饲草种植
9	白燕7号	2003年通过吉林省农作物品种审定委员会审定。春性、早熟，在吉林西部地区生育期80d左右。株高126cm，穗长17.5cm，籽粒浅黄色，表面有绒毛，千粒重33～34g。籽粒含蛋白质13.07%，脂肪4.64%。根系发达，抗旱性强，干草和种子产量均较高，适于吉林省西部以及北方冷凉地区种植

（续）

编号	品种名称	品种介绍
10	白燕 6 号	吉林省白城市农业科学院选育，2003 年通过吉林省农作物品种审定委员会审定。分蘖力较强，株高 126cm 左右，颖壳白色，千粒重 33～35g。灌浆期全株蛋白质含量 12.18%、粗纤维含量 28.52%。抗旱性强，根系发达。在吉林省西部地区种植，下茬可以复种，10 月 1 日前后收获饲草。适宜吉林省西部地区退化耕地种植
11	坝燕 1 号	张家口市坝上农业科学研究所 1990 年从中国农业科学院作物品种资源研究所引进，后经品系鉴定、品种比较和生产试验培育而成。生育期 85～97d。株型中等，叶片下垂，株高 85～120cm，千粒重 40g 左右。籽粒蛋白质含量 13.6%、脂肪含量 8.2%。适宜在河北坝上、内蒙古等地的阴滩地种植生产种子
12	坝燕 2 号	河北省高寒作物研究所 2000 年从中国农业科学院作物品种资源研究所引进，后经过品种比较和区域试验培育而成。生育期 80d 左右，属早熟品种。株型紧凑，叶片上冲，株高 85～120cm，千粒重 40g 左右。抗旱耐瘠薄，抗倒性强，适宜于河北坝上、内蒙古等地的平滩地、肥坡地、阴滩地等种植生产种子
13	锋利	2003 年百绿（天津）国际草业有限公司从澳大利亚引入。原品种由百绿集团澳大利亚公司（Heritage Seed Pty Ltd.）于 1993 年注册。2006 年通过全国草品种审定委员会审定登记。粮草兼用品种，茎秆直立，株高 60～75cm，叶片宽厚，叶色浓绿，叶长 39～42cm，叶宽 1.8～2.3cm，穗长 18.2cm，千粒重 37.6g。开花期干物质中含粗蛋白质 12.59%，粗脂肪 2.17%，粗纤维 26.21%。分蘖多、再生性强，有较强的抗锈病、抗倒伏能力。在我国南方地区适宜秋播，北方地区适宜春播
14	阿坝燕麦	地方品种，2010 年通过全国草品种审定委员会审定。在四川红原地区生育期 120d 左右，株高 120～170cm，茎粗 0.47cm，叶片灰绿，长 23～31cm，宽 1.1～1.5cm，穗长 17～25cm，千粒重 32g 左右。抗寒，耐旱，较抗红叶病和蚜虫，适宜在青藏高原及其周边地区种植

（续）

编号	品种名称	品种介绍
15	定燕 2 号	定西市农业科学研究院自主选育。生育期 115d，中晚熟，侧紧穗型，株形紧凑，旗叶上举，圆锥花序，内外颖黄色，轮层数 3～5 层，株高 128cm，长 24cm，千粒重 27g。适宜降雨量 340～500mm、海拔 1 400～2 600m 的甘肃省干旱、半干旱二阴地区种植
16	定引 1 号	定西市农业科学研究院从澳大利亚引进的皮燕麦品种。生育期 100d 左右，株高 109cm，穗长 18cm。千粒重 39g 左右，籽粒褐色，适应性强、抗旱、抗倒伏，抗红叶病、抗坚黑穗病，适宜甘肃省干旱、半干旱二阴地区种植
17	爱沃	引进品种，由北京正道种业有限公司从美国引进，2019 年通过全国草品种审定委员会审定。晚熟，生育期 130～140d，株高 100cm 左右，穗长 18～20cm，千粒重 25d 左右，籽粒灰紫色，叶片长且宽，倒二叶长 40～45cm，宽 2.7～3.2cm。适宜在我国海拔 3 000m 以下地区种植

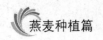

附录 2 我国主要饲用裸燕麦品种简介

编号	品种名称	品种介绍
1	白燕 2 号	吉林省白城市农业科学院选育,2003 年通过吉林省农作物品种审定委员会审定。分蘖力较强,株高 100cm 左右,穗长 19cm,活秆成熟。籽粒浅黄色,千粒重 30g 左右,籽粒蛋白质含量 16.58%、脂肪含量 5.61%。根系发达,抗旱性强。早熟品种,成熟时茎秆绿色,粮饲兼用。在吉林省西部地区出苗至成熟 81d 左右。适于中等肥力的土地种植
2	草莜 1 号	内蒙古农业科学院育成的高产、优质新品种。2002 年经内蒙古自治区农作物品种审定委员会办公室认定通过。株高 130cm 左右。穗周散型,穗长 25cm 左右。穗粒数 60 粒,千粒重 24d 左右,生育期 100d 左右,适宜旱滩、旱坡地种植
3	坝莜 3 号	河北省张家口市农业科学院通过系谱法选育而成。生育期 95~100d,属中熟品种。株高 110~120cm,成穗率高,群体结构好,周散型穗。籽粒长形,粒色浅黄,千粒重 22~25g。抗倒伏、抗旱性强,适应性广,高抗坚黑穗病,轻感黄矮病。适宜在旱滩地、阴滩地、肥坡地种植
4	坝莜 5 号	河北省张家口市农业科学院育成的粮草兼用莜麦新品种。生育期 100d 左右,株型紧凑,叶片上举,株高 110~140cm,茎秆坚韧,抗倒伏力强,成穗率高,口紧不落粒,抗旱耐瘠薄性强。适宜在河北坝上瘠薄平滩地、旱坡地以及山西、内蒙古等地同类型区域种植
5	坝莜 6 号	河北省张家口市农业科学院选育而成,生育期 80d 左右,属早熟品种。株型紧凑,株高 80~90cm,籽粒椭圆形,浅黄色,千粒重 20~23g,抗倒伏,适宜在肥力较高的平滩地和阴湿滩地以及内蒙古、山西等同类型区域种植
6	冀张莜 5 号	河北省张家口市坝上农业科学研究所育成。生育期 95~110d,中晚熟型品种。株型紧凑,叶片细长,株高 90~110cm,茎秆坚韧,抗倒力强。茎叶繁茂,产草量较高。抗旱、耐瘠薄性强,适应瘠薄旱坡地和干旱平地种植

附录 3　燕麦田常用无机化肥类型及其作用

类型	种类	作用
氮肥	尿素 CO（NH$_2$）$_2$ 铵盐 NH$_4$HCO$_3$、NH$_4$Cl 硝酸盐 NH$_4$NO$_3$、NaNO$_3$	氮是植物体内蛋白质、核酸和叶绿素的组成元素。氮肥能促进作物的茎叶生长茂盛，叶色浓绿
磷肥	钙镁磷肥 过磷酸钙 Ca（H$_2$PO$_4$）$_2$·H$_2$O 硫酸钙 CaSO$_4$·2H$_2$O	磷肥能促进燕麦根系发育，增强抗旱抗寒能力，促进作物提早成熟，穗粒增多，籽粒饱满
钾肥	硫酸钾 K$_2$SO$_4$ 氯化钾 KCl	钾肥能保证各种代谢过程的顺利进行，对调节植物气孔开闭和维持细胞膨压有专一功能，可促进燕麦茎秆健壮，增强抗病虫和抗倒伏能力
复合肥	磷酸二氢铵 NH$_4$H$_2$PO$_4$ 磷酸氢二铵（NH$_4$）$_2$·HPO$_4$ 硝酸钾 KNO$_3$	同时含有两种或两种以上的营养元素，能同时均匀供给作物养分

崔凤娟，李立军，刘景辉，等.2011. 免耕留茬覆盖对土壤呼吸和土壤酶活性及养分的影响［J］. 中国农学通报，27（21）：147-153.

德科加，周青平，刘文辉，等.2007. 施氮量对青藏高原燕麦产量和品质的影响［J］. 中国草地学报，29（5）：45-50.

高欣梅，高前慧，温丽，等.2018. 播种期和施肥对燕麦干物质积累及经济产量的影响［J］. 北方农业学报，46（2）：10-15.

郭孝，李明，介晓磊，等.2012. 基施硒肥对莜麦产量和微量元素含量的影响［J］. 植物营养与肥料学报，18（5）：1235-1242.

韩加洪，王希武，关勇，等.2016. 黑龙江省北部高寒地区燕麦栽培技术［J］. 现代化农业（3）：29-33.

贺伟.2013. 不同灌溉方式对燕麦光合及土壤生物特性的影响［D］. 呼和浩特：内蒙古农业大学：37-39.

黄勇.2017. 西藏日喀则地区燕麦高产施肥技术研究［J］. 现代农业科技（15）：16-19.

贾银连.2014. 旱地燕麦高产栽培技术［J］. 中国农技推广，30（2）：25-26.

李成华，马成林.1997. 有机物覆盖地面对土壤物理因素影响的研究Ⅱ——有机物覆盖对土壤孔隙度的影响［J］. 农业工程学报（2）：82-85.

刘慧军，刘景辉，于健，等.2013. 土壤改良剂对土壤紧实度及燕麦生长状况的影响［J］. 水土保持通报，33（3）：130-134.

刘俊喜.2008. 冀西北莜麦高产优质施肥与除草技术研究［D］. 北

京：中国农业科学院：8-12.

刘水华，戴征煌，于徐根，等.2018. 播种量和施肥对秋冬闲田种植燕麦草产量的影响 [J]. 江西畜牧兽医杂志（3）：54-57.

刘振恒，唐中民，宗文杰，等.2004. 人工草地丰产栽培试验 [J]. 青海草业，13（4）：5-9.

马斌，刘景辉，杨彦明.2017. 连续施用保水材料对旱作条件下土壤特性及燕麦生长的影响 [J]. 生态学报，3（17）：5650-5661.

马力，周青平，颜红波，等.2016. 氮肥与保水剂配施对青燕1号燕麦产量的影响 [J]. 草业科学，31（10）：1929-1934.

马祥，贾志锋，刘文辉，等.2017. 青海地区燕麦"3414"施肥效果及推荐施肥量 [J]. 草业科学，34（9）：1906-1914.

娜仁图雅.2013. 氮肥对燕麦生物固碳量及土壤碳储量的影响研究 [D]. 呼和浩特：内蒙古农业大学：8-12.

牛瑞明，乔永明，赵锁江，等.2005. 旱地莜麦多目标动态施肥模式研究 [J]. 干旱地区农业研究，23（3）：100-104.

王柳英.1998. 燕麦品种性状变异的研究 [J]. 草业科学，15（3）：19-22.

张国盛.2004. 耕种方式对农田表层土壤结构及有机碳影响的研究 [D]. 兰州：甘肃农业大学：3-4.

赵桂琴.2016. 饲用燕麦及其栽培加工 [M]. 北京：科学出版社：79-80.

赵世锋，曹丽霞，王俊英.2013. 冀北燕麦产区土壤肥力水平及高产创建实践分析 [J]. 河北农业科学（5）：47-51.

图书在版编目（CIP）数据

苜蓿燕麦科普系列丛书．燕麦种植篇／贠旭江总主编；全国畜牧总站编．—北京：中国农业出版社，2020.12

ISBN 978-7-109-27467-9

Ⅰ．①苜⋯　Ⅱ．①贠⋯　②全⋯　Ⅲ．①燕麦－栽培技术　Ⅳ．①S541②S512.6

中国版本图书馆 CIP 数据核字（2020）第 194952 号

中国农业出版社出版

地址：北京市朝阳区麦子店街 18 号楼
邮编：100125
责任编辑：赵　刚
版式设计：王　晨　　责任校对：吴丽婷
印刷：中农印务有限公司
版次：2020 年 12 月第 1 版
印次：2020 年 12 月北京第 1 次印刷
发行：新华书店北京发行所
开本：880mm×1230mm　1/32
印张：2.75
字数：55 千字
定价：25.00 元